PUEDO RESTAR
UNO

Un libro de Las Raíces de Crabtree

CHRISTINA EARLEY
Traducción de Pablo de la Vega

Publishing Company
www.crabtreebooks.com

Apoyos de la escuela a los hogares para cuidadores y maestros

Este libro ayuda a los niños en su desarrollo al permitirles practicar la lectura. Abajo están algunas preguntas guía para ayudar al lector a fortalecer sus habilidades de comprensión. En rojo hay algunas opciones de respuesta.

Antes de leer:
- ¿De qué pienso que tratará este libro?
  - *Pienso que este libro es sobre restas.*
  - *Pienso que este libro es sobre restas de una unidad.*
- ¿Qué quiero aprender sobre este tema?
  - *Quiero aprender cómo restar una unidad a un número.*
  - *Quiero aprender lo que significa restar.*

Durante la lectura:
- Me pregunto por qué...
  - *Me pregunto por qué siete menos uno es seis.*
  - *Me pregunto por qué ocho menos uno es siete.*
- ¿Qué he aprendido hasta ahora?
  - *Aprendí que cinco menos uno es cuatro.*
  - *Aprendí que cuando resto una unidad a un número, la respuesta es el número anterior a este número.*

Después de leer:
- ¿Qué detalles aprendí de este tema?
  - *Aprendí que ocho dólares menos un dólar es siete dólares.*
  - *Aprendí que diez menos uno es nueve.*
- Lee el libro una vez más y busca las palabras del vocabulario.
  - *Veo la palabra **restar** en la página 3 y la palabra **dólares** en la página 8. Las demás palabras del vocabulario están en la página 14.*

Puedo aprender a **restar** uno.

Cinco perros juegan en el parque.

Uno regresa
a casa.

Tengo siete **dólares**.

Compro una bebida por un dólar.

En una caja hay ocho **rebanadas** de pizza.

$8-1=7$

Me como una.

Cuando resto uno, la **respuesta** es el número anterior.

10 − 1 = 9	9 − 1 = 8	8 − 1 = 7
7 − 1 = 6	6 − 1 = 5	5 − 1 = 4
4 − 1 = 3	3 − 1 = 2	2 − 1 = 1
1 − 1 = 0		

Lista de palabras

Palabras de uso común

a	cuando	la	resto
anterior	de	me	siete
bebida	el	ocho	tengo
casa	en	perros	una
cinco	es	por	uno
como	hay	puedo	
compro	juegan	regresa	

Palabras para conocer

dólares

rebanadas

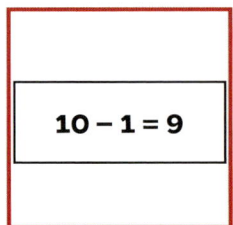
respuesta

restar

44 palabras

Puedo aprender a **restar** uno.

Cinco perros juegan en el parque.

Uno regresa a casa.

Tengo siete **dólares**.

Compro una bebida por un dólar.

En una caja hay ocho **rebanadas** de pizza.

Me como una.

Cuando resto uno, la **respuesta** es el número anterior.

Written by: Christina Earley
Designed by: Rhea Wallace
Series Development: James Earley
Proofreader: Janine Deschenes
Educational Consultant:
Marie Lemke M.Ed.
Translation to Spanish:
Pablo de la Vega
Spanish-language layout and proofread: Base Tres
Print and production coordinator: Katherine Berti

Photographs:
Shutterstock: Anna Kucherovo: cover, p. 1; Marietjie: p. 3, 14; Rita Kochmarjove: p. 5, 7; Kieber Cordeiro: p. 7; Benton Frizer: p. 8, 14; New Africa: p. 9; Vasiliy Budarin: p. 10, 14; Lestertair: p. 11; Maria Sbytova: p. 13

Library and Archives Canada Cataloguing in Publication
Title: Puedo restar uno / Christina Earley ; traducción de Pablo de la Vega.
Other titles: I can take away one. Spanish | Uno
Names: Earley, Christina, author. | Vega, Pablo de la, translator.
Description: Translation of: I can take away one. | "Un libro de las raices de Crabtree". | Text in Spanish.
Identifiers: Canadiana (print) 20210247789 |
 Canadiana (ebook) 20210247797 |
 ISBN 9781039615380 (hardcover) |
 ISBN 9781039615427 (softcover) |
 ISBN 9781039615465 (HTML) |
 ISBN 9781039615502 (EPUB) |
 ISBN 9781039615540 (read-along ebook)
Subjects: LCSH: Subtraction—Juvenile literature. |
 LCSH: Mathematics—Juvenile literature.
Classification: LCC QA115 .E27718 2022 | DDC j513.2/12—dc23

Library of Congress Cataloging-in-Publication Data
Names: Earley, Christina, author. | Vega, Pablo de la, translator.
Title: Puedo restar uno / Christina Earley ; traducción de Pablo de la Vega.
Other titles: I can take away one. Spanish
Description: New York, NY : Crabtree Publishing Company, [2022] | Series: Puedo restar - un libro el semillero de Crabtree | Includes index.
Identifiers: LCCN 2021028579 (print) |
 LCCN 2021028580 (ebook) |
 ISBN 9781039615380 (hardcover) |
 ISBN 9781039615427 (paperback) |
 ISBN 9781039615465 (ebook) |
 ISBN 9781039615502 (epub) |
 ISBN 9781039615540
Subjects: LCSH: Subtraction--Juvenile literature.
Classification: LCC QA115 .E27318 2022 (print) | LCC QA115 (ebook) | DDC 513.2/12--dc23
LC record available at https://lccn.loc.gov/2021028579
LC ebook record available at https://lccn.loc.gov/2021028580

Crabtree Publishing Company

www.crabtreebooks.com   1-800-387-7650

Printed in the U.S.A./092021/CG20210616

Copyright © 2022 **CRABTREE PUBLISHING COMPANY**

All rights reserved. No part of this publication may be reproduced, stored in a retrieval system or be transmitted in any form or by any means, electronic, mechanical, photocopying, recording, or otherwise, without the prior written permission of Crabtree Publishing Company. In Canada: We acknowledge the financial support of the Government of Canada through the Canada Book Fund for our publishing activities.

Published in the United States
Crabtree Publishing
347 Fifth Avenue, Suite 1402-145
New York, NY, 10016

Published in Canada
Crabtree Publishing
616 Welland Ave.
St. Catharines, Ontario L2M 5V6